BEI GRIN MACHT SICH IHR
WISSEN BEZAHLT

- Wir veröffentlichen Ihre Hausarbeit,
  Bachelor- und Masterarbeit

- Ihr eigenes eBook und Buch -
  weltweit in allen wichtigen Shops

- Verdienen Sie an jedem Verkauf

Jetzt bei www.GRIN.com hochladen
und kostenlos publizieren

Helena Eckert

Wir experimentieren mit Würfeln - Mathematik in der Grundschule

GRIN Verlag

Bibliografische Information der Deutschen Nationalbibliothek:

Die Deutsche Bibliothek verzeichnet diese Publikation in der Deutschen National-
bibliografie; detaillierte bibliografische Daten sind im Internet über http://dnb.d-
nb.de/ abrufbar.

Impressum:

Copyright © 2010 GRIN Verlag GmbH
Druck und Bindung: Books on Demand GmbH, Norderstedt Germany
ISBN: 978-3-640-83523-2

Dieses Buch bei GRIN:

http://www.grin.com/de/e-book/166680/wir-experimentieren-mit-wuerfeln-
mathematik-in-der-grundschule

WIR EXPERIMENTIEREN MIT WÜRFELN

Tom und Leonie würfeln mit zwei Würfeln

Name:

Rektor:

Prüfer:

Vorsitzender:

Datum:

Klasse: 2

Uhrzeit:

INHALTSVERZEICHNIS

1. DIE UNTERRICHTSEINHEIT 'WIR EXPERIMENTIEREN MIT WÜRFELN'

1.1 BEZUG ZUM BILDUNGSPLAN

Die Unterrichtsstunde 'Tom und Leonie würfeln mit zwei Würfeln' ist dem Kompetenzbereich 'DATEN UND SACHSITUATIONEN' zuzuordnen.

Die Schüler sollen in der Unterrichtseinheit 'Wir experimentieren mit Würfeln' folgende Kompetenzen erreichen.

INHALTSBEZOGENE MATHEMATISCHE KOMPETENZEN

KLASSE 2

LEITIDEE: ZAHL
Die Schülerinnen und Schüler können
- Zahlen lesen, sprechen und darstellen,
- Zahlen und Ziffern in unterschiedlichen Funktionen und Kontexten erkennen und Zahlen und Ziffern situationsgerecht anwenden,
- sich Grundrechenarten konkret vorstellen,
- allein oder mit anderen Rechenfehlern auf die Spur kommen,
- Rechenwege nachvollziehbar darstellen und erklären,
- einfache Rechenaufgaben, die in Tabellen und Schaubildern dargestellt sind, erkennen und eigene Aufgaben verfassen.

Inhalte
- *Zahlen bis 100*
- *Zählzahl, Rechenzahl*
- *gerade und ungerade Zahlen*
- *Addition, Subtraktion*

LEITIDEE: MUSTER UND STRUKTUREN

Die Schülerinnen und Schüler können

- einfache Sachsituationen in Tabellen und Schaubildern darstellen, lesen und interpretieren.

LEITIDEE: DATEN UND SACHSITUATIONEN

Die Schülerinnen und Schüler können

- aus Beobachtungen, aus einfachen Experimenten oder aus Texten Daten sammeln, erheben und darstellen,
- Daten aus vereinfachten Darstellungen entnehmen und daraus Informationen und Schlüsse ziehen,
- bei der Bearbeitung von einfachen Textaufgaben aus dem Text mathematisch relevante Informationen entnehmen, diese in eine mathematische Struktur übertragen, lösen und das Ergebnis überprüfen,
- in einfachen Sachsituationen und Sachverhalten, die in Schaubildern oder Diagrammen dargestellt sind, relevante Fragen erkennen,
- Sach- und Textaufgaben aus ihrem Erfahrungs- und Interessenbereich selbst darstellen.

Inhalte

- *Strichliste, Häufigkeitstabellen* [1]

Im baden-württembergischen Bildungsplan Mathematik, Grundschule, ist der Bereich Wahrscheinlichkeit, den die KMK – Standards fordern, nicht vorgesehen und muss ergänzt werden. Der Bereich 'DATEN, HÄUFIGKEIT UND WAHRSCHEINLICHKEIT' beinhaltet 'Daten erfassen und darstellen' und 'Wahrscheinlichkeiten von Ereignissen in Zufallsexperimenten vergleichen'.

Beim **'Daten erfassen und darstellen'** können die Schüler in Beobachtungen, Untersuchungen und einfachen Experimenten Daten sammeln, strukturieren und in Tabellen, Schaubildern und Diagrammen darstellen und aus Tabellen, Schaubildern und Diagrammen Informationen entnehmen. Bei **'Wahrscheinlichkeiten von Ereignissen in Zufallsexperimenten vergleichen'** kennen die Schüler die

---

[1] Ministerium für Kultus, Jugend und Sport (2004). *Bildungsplan 2004. Grundschule.* S.53ff.

Grundbegriffe *sicher, wahrscheinlich* und *unmöglich* und können Gewinnchancen bei einfachen Zufallsexperimenten einschätzen. [2]

ALLGEMEINE MATHEMATISCHE KOMPETENZEN

Das Experimentieren mit Würfeln fördert die Entwicklung von allgemeinen mathematischen Kompetenzen im Bereich *'Mathematische Darstellungen verwenden'*. Verschiedene Darstellungsformen wie beispielsweise Würfelpläne (Strichlisten) oder Balkendiagramme werden erprobt, ineinander übertragen, miteinander verglichen und bewertet. Bei allen Aufgaben zum Experimentieren mit Würfeln findet man Bezüge zum *'Probleme mathematisch lösen'*. Die Schüler probieren systematisch, erkennen und nutzen Zusammenhänge und übertragen sie auf ähnliche Sachverhalte. Auch wird die Kompetenz *'Mathematisch modellieren'* gefördert. Ergebnisse von Zufallsexperimenten können nur erfasst und verstanden werden, wenn die als wesentlich angesehenen Daten und ihre Beziehungen untereinander mit mathematischen Mitteln beschrieben werden. Beim Durchführen von Zufallsexperimenten mit Würfeln und dem Einschätzen der Gewinnchancen werden besonders auch die Kompetenzen *'Kommunizieren'* und *'Mathematisch Argumentieren'* gefordert. Beim Kommunizieren sollen die Schüler Lösungswege und Ergebnisse darstellen. Im Bereich des Argumentierens sollen die Schüler mathematische Argumentationen wie Erläuterungen, Begründungen und Beweise entwickeln und Lösungswege beschreiben und begründen.

SOZIALE, PERSONALE UND METHODISCHE KOMPETENZEN

Die Schüler erweitern ihre sozialen, personalen und methodischen Kompetenzen.

Soziale Kompetenzen

Die Schüler können Verantwortung übernehmen und sich an Regeln halten. Sie können sich in andere hineinversetzen, Verständnis und Mitgefühl für sie empfinden, Konflikte fair lösen und kooperieren.

Personale Kompetenzen

Die Schüler können sich auf Neues einlassen, ihre eigenen Stärken entdecken und mit ihren eigenen Grenzen und Schwächen konstruktiv umgehen.

---

[2] KMK (2004). Bildungsstandards im Fach Mathematik für den Primarbereich. S.11

Methodische Kompetenzen

Die Schüler können selbstständig arbeiten und mit verschiedenen Materialien wie Würfel oder Würfelbildern umgehen. Sie können Lösungsstrategien entwickeln, Lösungswege beschreiben und verstehen, mathematische Fachbegriffe sachgerecht anwenden und Aufgaben gemeinsam bearbeiten. Die Schüler können mathematische Aussagen hinterfragen und prüfen, mathematische Zusammenhänge erkennen und Begründungen suchen. Auch können sie Sachprobleme innermathematisch lösen und für mathematische Probleme geeignete Darstellungen nutzen.

1.2 DIE UNTERRICHTSEINHEIT 'WIR EXPERIMENTIEREN MIT WÜRFELN'

1. Unterrichtsstunde – Würfeln mit einem Würfel

In Partnerarbeit würfeln die Schüler 24-mal mit einem Würfel und schreiben im Würfelplan auf, wie oft sie jede Zahl gewürfelt haben. Die Schüler diskutieren über die Behauptung von Tom: Jede Zahl muss genau viermal vorkommen, weil 24:6 = 4 ist und erklären, warum es nicht so ist. Die Schüler sehen an Toms Balkendiagramm, wie oft er jede Zahl gewürfelt hat und welche Zahl Tom am häufigsten beziehungsweise am seltensten gewürfelt hat. Sie zeichnen ein Balkendiagramm mit ihren Würfelzahlen und addieren zum Abschluss ihre gewürfelten Würfelsummen aus dem Würfelplan.

2. Unterrichtsstunde – Tom und Leonie würfeln mit zwei Würfeln

3. Unterrichtsstunde – Zwei Einer sind genauso gut wie zwei Sechser

Beim Würfeln mit zwei Würfeln gibt es für die Würfelsummen verschiedene Gewinnregeln: Summe 7, ungerade Summe, gerade Summe, Summe größer als 5 und Summe kleiner als 10. Die Schüler würfeln mit zwei Würfeln zu jeder Regel 20-mal und notieren die Ergebnisse in einer Strichliste. Sie vergleichen die Häufigkeiten für die verschiedenen Gewinnregeln und diskutieren, welche Gewinnregeln eine höhere Wahrscheinlichkeit haben und welche nur selten auftreten. Die Schüler erfinden weitere Gewinnregeln, notieren diese auf Zetteln, sortieren die Zettel nach ihren Gewinnchancen - 'gewinnt sehr oft', 'gewinnt manchmal' und 'gewinnt selten' – und begründen die Gewinnchancen.

2. DIE LERNVORAUSSETZUNGEN

2.1 SCHULE

Die Schule ist eine Grund- und Hauptschule mit Werkrealschule.

310 Schüler aus den Klassen 1 bis 10 werden von 24 Lehrkräften unterrichtet. Der Ausländeranteil liegt in der Grundschule bei 11%, in der Hauptschule bei 28%.

Die Schule ermöglicht begabten Hauptschülern mit dem Modell 9 + 1, in einem 10. freiwilligen Hauptschuljahr die Mittlere Reife zu erlangen, indem sie an zusätzlichen Unterrichtsangeboten teilnehmen.

Der Schulhof bietet den Schülern neben einem Schulgarten viele Möglichkeiten zum Bewegen und Entspannen.

Die Sporthalle befindet sich am Ortseingang, so dass für die Schüler ein Fußweg von etwa 10 Minuten entsteht.

Das Schulprogramm beinhaltet Kooperation Grundschule – Kindergarten, Leseschule (Schülerbibliothek), Betreuungsangebote (Kernzeitbetreuung, Ganztagesbetreuung), Kooperationen, Berufsvorbereitung, SMV, Projektwochen und Schulangebote wie Bewegung und Ernährung.

2.2 KLASSENSITUATION

Die Klasse 2b besteht aus 26 Schülern, 15 Mädchen und 11 Jungen. Das Klassenzimmer ist mit einer Leseecke und einer Mathematikecke ausgestattet. Die Mathematikecke beinhaltet Boxen zum Addieren und Subtrahieren im Zahlenraum 100, zum Einmaleins und Knobelkisten mit Zahlentürmen, Rechenmauern und Rätseln.

Die Schüler sind Klassenunterricht, Einzelarbeit, Partnerarbeit und Gruppenarbeit gewohnt und im Offenen Unterricht wie Werkstattarbeit geübt. Der Gesprächskreis und seine Regeln sind den Schülern bekannt. Unterrichtsprinzipien sind handlungsorientiertes und entdeckendes Lernen, produktive Übungen, Rechenkonferenzen und Knobelzeiten.

Das Klima in der Klasse ist gut und von einem kooperativen und sozialen Miteinander geprägt. Die Leistungen der Schüler sind sehr heterogen.

Alle Schüler beherrschen die Grundrechenarten Addition, Subtraktion und Multiplikation. Viele Schüler kennen und nutzen Rechenvorteile, haben ein gutes

Orientierungsvermögen in Raum und Ebene und können geschickt mit Größen wie Geld, Längen oder Zeiten umgehen. Viele Schüler zeigen Freude am Knobeln und Kombinieren.

R. beherrscht die Addition und Subtraktion im Zahlenraum bis 100, ist aber im mündlichen Rechnen noch langsam und zögerlich. Auch fällt es ihm schwer, mit Zahlen reflektiert umzugehen und Beziehungen zu entdecken. Flexible Rechenstrategien, Rechenvorteile und Kontrollverfahren nutzt er kaum. Sein Orientierungsvermögen in Raum und Ebene ist nur schwach entwickelt, der Umgang mit den Größenbereichen Geld, Zeit und Längen und das Modellieren im Sachrechnen bereitet ihm Probleme. R. bekommt passende Aufgabenstellungen und Material wie beispielsweise die Hundertertafel oder den Hunderterrahmen.

In Mathematik löst J. alle Aufgaben der Addition, Subtraktion und Multiplikation im Zahlenraum 100 schnell und problemlos, rechnet vorteilhaft, kann geschickt mit Größen umgehen und Sachaufgaben fehlerfrei lösen. J. ist ein schneller Rechner und hat Freude am Knobeln und Kombinieren.
J. fällt es aber oft schwer, sich an Regeln zu halten. Das zeigt sich beim Schwätzen oder laut in die Klasse rufen. J. wird immer wieder an die Regeln erinnert, kleine Störungen von J. werden bewusst ignoriert, das positive Verhalten bewusst verstärkt.

Bei R. wurde ADHS diagnostiziert. Er beschäftigt sich mit anderen Dingen und braucht sehr lange, um eine Aufgabe zu bearbeiten. Er muss mit Blickkontakt häufig zur Mitarbeit animiert werden. Aufgaben werden in kleine, überschaubare Aufgaben unterteilt. R. bekommt klare Regeln, Erfolge und Bemühungen werden positiv verstärkt, um sein Selbstwertgefühl zu stärken.

Neben einem Klassenvertrag, bei dem die Schüler selbst Regeln für das Sozialverhalten und Arbeitsverhalten aufgestellt haben, wurde in der Klasse ein Belohnungssystem – Edgar, das Schaf – eingeführt. In einem Büchlein können die Schüler Stempel für Hausaufgaben oder das Einhalten von Regeln sammeln. Ist das Büchlein voll, wird dies entweder durch einen Hausaufgabengutschein oder ein Fleißkärtchen ausgetauscht. So wird neben der Lern- und Leistungsbereitschaft der Schüler auch der soziale Umgang miteinander gefördert.

Mathematisch geht es in der Unterrichtsstunde 'Tom und Leonie würfeln mit zwei Würfeln' um Additionsaufgaben im Zahlenraum bis 12. Alle Schüler können im Zahlenraum 12 addieren. Das Würfeln mit zwei Würfeln ist den Schülern von Spielen bekannt. Die Schüler können Würfelsummen berechnen, Strichlisten anlegen und auswerten und die Häufigkeit der Würfelsummen zählend oder rechnend ermitteln. Die Schreibweise „ x-mal " ist neu. Das Finden aller möglichen Plusaufgaben zu den Würfelsummen wird den Schülern keine Probleme bereiten, da ihnen Zahlzerlegungen beziehungsweise Plusaufgaben im Zahlenraum bis 20 bereits aus Klasse 1 bekannt sind.

Im Sinne des aktiv-entdeckenden und sozialen Lernens bietet sich eine innere Differenzierung an. Das Würfeln mit zwei Würfeln bietet allen Schülern individuelle und differenzierte Lernmöglichkeiten, so beispielsweise die freie Wahl der Würfelsumme beim Finden aller möglichen Plusaufgaben zu den Würfelsummen.

3. SACHDARSTELLUNG

3.1 WÜRFELN MIT ZWEI WÜRFELN

Teilgebiete der Stochastik sind die Wahrscheinlichkeitsrechnung, Kombinatorik und die Statistik. Der Begriff „Stochastik" stammt aus dem Griechischen und heißt soviel wie „Kunst des Mutmaßens".

Würfelt man immer wieder mit einem Würfel, so kann man davon ausgehen, dass jede Zahl im Schnitt gleich oft erscheint. Doch wie ist das, wenn man mit zwei Würfeln würfelt und die Summen der Würfelzahlen betrachtet? Kommen alle Würfelsummen gleich oft vor? Beim Würfeln mit zwei Würfeln sind Würfelsummen zwischen 2 (1 + 1) und 12 (6 + 6) möglich. Es gibt 6 • 6 = 36 mögliche Versuchsausgänge (Ereignisse), also alle möglichen geordneten Paare von Augenzahlen.

Mengenschreibweise

E = { (1,1), (1,2), (1,3), (1,4), (1,5), (1,6), (2,1), (2,2), (2,3), (2,4), (2,5), (2,6), (3,1), (3,2), (3,3), (3,4), (3,5), (3,6), (4,1), (4,2), (4,3), (4,4), (4,5), (4,6), (5,1), (5,2), (5,3), (5,4), (5,5), (5,6), (6,1), (6,2), (6,3), (6,4), (6,5), (6,6) }

Die Würfelsumme 7 ist bei dem Experiment 'Würfeln mit zwei Würfeln' sehr viel wahrscheinlicher als beispielsweise die Würfelsummen 2 oder 12. Warum das so ist, erkennt man, wenn man die möglichen Ausgänge des Experiments im Einzelnen untersucht:

	⚀	⚁	⚂	⚃	⚄	⚅
⚀	2	3	4	5	6	7
⚁	3	4	5	6	7	8
⚂	4	5	6	7	8	9
⚃	5	6	7	8	9	10
⚄	6	7	8	9	10	11
⚅	7	8	9	10	11	12

Bei sechs der 36 möglichen Ausgänge des Experiments beträgt die Würfelsumme 7. Die Würfelsumme 7 tritt häufig auf, weil sie die meisten Zerlegungen in zwei Würfelzahlen besitzt.

Die Verteilung der Ausgänge des Experiments auf die anderen Würfelsummen wird in der Treppendarstellung gut deutlich:

Würfelsumme	Zerlegungen	Wahrscheinlichkeit
2	1+1	1 von 36
3	1+2, 2+1	2 von 36
4	1+3, 2+2, 3+1	3 von 36
5	1+4, 2+3, 3+2, 4+1	4 von 36
6	1+5, 2+4, 3+3, 4+2, 5+1	5 von 36
7	1+6, 2+5, 3+4, 4+3, 5+2, 6+1	6 von 36
8	2+6, 3+5, 4+4, 5+3, 6+2	5 von 36
9	3+6, 4+5, 5+4, 6+3	4 von 36
10	4+6, 5+5, 6+4	3 von 36
11	5+6, 6+5	2 von 36
12	6+6	1 von 36

Anhand dieser Übersicht kann man eine begründete Vorhersage über den Ausgang des Würfelexperiments machen. Mit hoher Wahrscheinlichkeit wird die Würfelsumme 7 am häufigsten gewürfelt, auch die Würfelsummen 8 oder 6 werden oft vorkommen. Dass die Würfelsummen 2, 3, 11 und 12 am häufigsten auftreten, ist eher unwahrscheinlich. [3]

Damit Wahrscheinlichkeiten bei einfachen Zufallsexperimenten mathematisch erfasst werden können, sind Verfahren nötig. Es können zwei mathematische Modelle als Zugänge unterschieden werden:

Der geometrische Zugang
Beim klassischen Wahrscheinlichkeitsbegriff nach LAPLACE wird davon ausgegangen, dass jedes Ereignis gleich wahrscheinlich eintritt. Bei Würfeln ergibt sich eine

---

[3] Heidenreich, M. (2007). *Mathetiger 2. Lehrerband.* S.41

Gleichwahrscheinlichkeit für das Eintreten der sechs Augenzahlen aus der geometrischen Struktur des Würfels.

Die Eintrittswahrscheinlichkeit eines Ereignisses ist gleich dem Quotienten aus der Anzahl der für das Ereignis günstigen Fälle und der Anzahl aller möglichen Fälle. Beim Würfeln mit einem Würfel haben wir sechs mögliche Fälle. Die Wahrscheinlichkeit, dass eine 1, 2, 3, 4, 5 oder 6 gewürfelt wird, beträgt also jeweils 1/6.

Beim Würfeln mit zwei Würfeln ergeben sich die Wahrscheinlichkeiten für die einzelnen Augensummen einerseits aus der Gesamtzahl aller möglichen 6 • 6 = 36 Ausfälle und andererseits aus der Anzahl der günstigen Möglichkeiten, das heißt der Anzahl der Möglichkeiten, wie eine bestimmte Augensumme entstehen kann. So gibt es jeweils eine Möglichkeit bei den Augensummen 2 und 12, es gibt zwei günstige Möglichkeiten bei der 3 und bei der 11, drei bei der 4 und bei der 10, vier bei der 5 und bei der 9, fünf bei der 6 und bei der 8 und schließlich sechs Möglichkeiten bei der 7. Die jeweiligen Wahrscheinlichkeiten sind also 1/36, 2/36, 3/36, 4/36, 5/36 und 6/36.

Die Wahrscheinlichkeit, beim Würfeln mit zwei Würfeln die Augensumme 2 oder 3 oder 4 oder 5 oder 6 oder 7 oder 8 oder 9 oder 10 oder 11 oder 12 zu würfeln, ist 1/36 + 2/36 + 3/36 + 4/36 + 5/36 + 6/36 + 5/36 + 4/36 + 3/36 + 2/36 + 1/36 = 36/36 = 1.

Ein *sicheres* Ergebnis ist eines, das bei einem Zufallsexperiment immer eintritt. Beim Würfeln mit zwei Würfeln erhalte ich immer als Ergebnis 2, 3, 4, 5, 6, 7, 8, 9, 10, 11 oder 12 – andere Möglichkeiten gibt es nicht. Ein *wahrscheinliches* Ergebnis ist eines, das möglich ist, aber nicht sicher eintreten muss. Beim Würfeln kann man eine gerade Zahl als Ergebnis bekommen, doch es gibt auch andere Möglichkeiten. Ein *unmögliches* Ergebnis ist eines, das auf keinen Fall eintreten kann. Beim Würfeln mit zwei Würfeln kann man die Würfelsumme 1 nicht würfeln.

Der Zugang über relative Häufigkeiten

Die Bestimmung der relativen Häufigkeit eines Ereignisses auf experimentellem Wege, das heißt über die häufige Durchführung des Experimentes, ist eine weitere Möglichkeit, um zahlenmäßig zu erfassen, mit welcher Wahrscheinlichkeit das Eintreten des Ereignisses zu erwarten ist. Mathematische Grundlage für die Ermittlung der Wahrscheinlichkeiten mithilfe von relativen Häufigkeiten ist das 'Gesetz der großen Zahlen'. Es besagt, dass sich mit wachsender Anzahl an Versuchen die relative Häufigkeit eines Ereignisses seiner theoretischen Eintrittswahrscheinlichkeit annähert. [4]

---

[4] Walther, G. (2008). *Bildungsstandards für die Grundschule*. S.151

Der Grundschulunterricht hat die Aufgabe, erste Erfahrungen im Zusammenhang mit Zufall und Wahrscheinlichkeit zu ermöglichen und Grundvorstellungen zu vermitteln. Folgende Gründe sprechen dafür, dass Zufall und Wahrscheinlichkeit schon in der Grundschule behandelt werden sollen:

- Kinder kommen früh mit dem Zufall in Berührung, zum Beispiel bei dem Würfelspiel 'Mensch ärgere dich nicht'. Viele Kinder sind der Meinung, dass Würfeln ungerecht ist, denn bei dem Spiel 'Mensch ärgere dich nicht' bekommen sie fast nie eine Sechs! Eine frühe Behandlung des Themas ist wichtig, weil sich Fehlvorstellungen leicht verfestigen. Auch wenn die Sechs schon dreimal gewürfelt wurde, ist die Wahrscheinlichkeit für eine Sechs beim nächsten Wurf nicht geringer als vorher.

- Mathematische Aussagen über den Zufall unterscheiden sich wesentlich von anderen mathematischen Aussagen. Auch die Mathematik kann nicht vorhersagen, welche Zahl als nächste gewürfelt wird. Das vertieft das Verständnis, dass Mathematik mehr ist als nur das Berechnen von exakten Ergebnissen.

- Kinder lassen sich für spielerische Zugänge zum Thema Wahrscheinlichkeit begeistern.

Die Schüler sollen von Klasse 1 an die Chance haben, Kenntnisse über den Zufall zu erwerben. Beim Zugang zum Wahrscheinlichkeitsbegriff steht das Ermitteln, Darstellen und Analysieren absoluter Häufigkeiten im Mittelpunkt. Der geometrische Zugang bietet sich in Klasse 2 noch nicht an, da er Kenntnisse über die Eigenschaften von geometrischen Figuren und Körpern - besonders wichtige Merkmale des Würfels - voraussetzt, die in Klasse 2 noch nicht vorhanden sind. Zwar zielt die in der Leitidee RAUM UND EBENE angesprochene Kompetenz *Geometrische Figuren erkennen, benennen und darstellen* genau auf diese Eigenschaften und Merkmale, aber die entsprechenden Einblicke müssen bei den Schülern erst noch entwickelt werden.

Experimente, beispielsweise mit Würfeln, sind ein gutes Mittel, um Einsichten über die Verteilung der Häufigkeiten von Augenzahlen und Erkenntnisse über die geometrische Struktur des Würfels zu gewinnen.

Die Schüler experimentieren mit Würfeln und erleben auf empirischem Wege, welche Ergebnisse häufiger, seltener oder gleich oft eintreten. Durch diese Erfahrungen gelangen die Schüler zur Erkenntnis, dass viele Versuche nötig sind, um Sicherheit über das Eintreten zufälliger Ereignisse zu gewinnen. Die Schüler sollen erkennen, dass der Zufall berechenbar ist und dass zufällige Ereignisse mit mathematischen Mitteln modelliert werden können.

Zwei Zugänge zur Stochastik sind für die Grundschule denkbar: der klassisch-kombinatorische Weg und der empirisch-statistische Weg. Beim ersten geht es darum, Möglichkeiten für ein Ereignis zu berechnen und daraus die Wahrscheinlichkeit abzuleiten. Der zweite Weg erfordert statistische Beobachtungen, aus denen eine Schätzung für die Wahrscheinlichkeit abgeleitet wird. Im Rahmen der Unterrichtseinheit habe ich mich für den empirisch-statistischen Weg entschieden, da er den Schülern die Möglichkeit bietet, handlungsorientiert und entdeckend zu lernen. Das bildliche beziehungsweise sprachliche Darstellen der Ergebnisse wird von Anfang an geschult. [5]

---

[5] Lorenz, J-H. (2006). *GRUNDSCHULE MATHEMATIK. Wahrscheinlichkeit – Wer gewinnt?* S.4f.

4. INTENTIONEN

4.1 STUNDENINTENTION

Die Schüler sollen durch häufiges Würfeln mit zwei Würfeln experimentell ermitteln können, welche Würfelsummen wie oft auftreten und begründen können, warum die Würfelsumme 7 am häufigsten fällt.

4.2 TEILINTENTIONEN

Fachliche Intentionen

- Die Schüler sollen Würfelsummen berechnen, Strichlisten anlegen und auswerten können.
- Die Schüler sollen Vermutungen über die Verteilung der Würfelsummen beim Würfeln mit zwei Würfeln anstellen können.
- Die Schüler sollen zu den Würfelsummen alle möglichen Plusaufgaben beziehungsweise Zerlegungen finden können.
- Die Schüler sollen Diagramme auswerten können.
- Die Schüler sollen Toms Behauptung mathematisch beweisen können.
- Die Schüler sollen begründen können, warum die Würfelsummen 12 und 2 sehr selten gewürfelt werden.
- Die Schüler sollen erklären können, warum die Würfelsummen 7, 12 und 2 verschieden oft gewürfelt wurden.

Soziale Intentionen

- Die Schüler sollen Verantwortung übernehmen können.
- Die Schüler sollen sich an Regeln halten und kooperieren können.

Personale Intentionen

- Die Schüler sollen mit ihren eigenen Stärken und Schwächen konstruktiv umgehen können.

Methodische Intentionen

- Die Schüler sollen selbständig arbeiten, Lösungswege entwickeln und beschreiben und Zusammenhänge erkennen und nutzen können.

- Die Schüler sollen mathematische Aussagen prüfen und begründen können.

5. LERNSTRUKTUR

<u>MATERIAL</u>

2 große Würfel, Handpuppen 'Tom' und 'Leonie', Zahlenkarten 2 bis 12, Plakat 'Würfelplan', Behauptung Tom: „Die Würfelsumme 7 fällt am häufigsten!", Würfel, Arbeitsblatt 'Würfelplan', Plakat 'Würfelplan', Würfelbilder, Karten 'Plusaufgaben', Satzanfänge, Arbeitsblatt 'Tigeraufgabe'

EINSTIEG

TOM UND LEONIE

Tom und Leonie berichten von ihrem Würfelspiel am Nachmittag. Sie haben mit ihren Freunden dieses Spiel gespielt: Jeder hatte eine der Würfelsummen 2 bis 12. Dann wurde mit zwei Würfeln fünf Minuten lang gewürfelt und eine Strichliste über die Häufigkeit der Würfelsummen geführt. Gewinner war, wessen Würfelsumme am häufigsten erschien.

Die Schüler spielen das Spiel. Jeder hat eine der Würfelsummen 2 bis 12. Die Schüler würfeln mit zwei Würfeln, ermitteln die Würfelsummen und ein Schüler führt die Strichliste. Gewonnen hat, wessen Würfelsumme am häufigsten vorkommt.

Tom behauptet: „Die Würfelsumme 7 fällt am häufigsten!" Die Schüler vermuten, ob Tom Recht hat oder nicht. Leonie glaubt nicht, dass die Würfelsumme 7 am häufigsten fällt und bittet die Schüler, Toms Behauptung zu überprüfen.

Intention

Die Schüler sollen Würfelsummen berechnen, Strichlisten anlegen und auswerten können. Die Schüler sollen Vermutungen über die Verteilung der Würfelsummen beim Würfeln mit zwei Würfeln anstellen können.

Der Unterricht beginnt mit einem Kreisgespräch, in dem die Schüler mit Tom und Leonies Würfelspiel an das Würfelexperiment herangeführt werden.

Jeder hat eine der Würfelsummen 2 bis 12. Die Schüler würfeln mit einem großen gelben und großen roten Würfel. Durch den Farbunterschied soll das Addieren erleichtert werden. Die Schüler ermitteln die Würfelsummen und einer führt die Strichliste.

Mathematisch geht es um Additionsaufgaben mit den Zahlen von 1 bis 6 und den daraus resultierenden Summen.

ERARBEITUNG

DIE WÜRFELSUMME 7 FÄLLT AM HÄUFIGSTEN!

In Partnerarbeit würfeln die Schüler etwa fünf Minuten lang mit zwei Würfeln und führen dabei eine Strichliste. Jedes Paar ermittelt die Häufigkeit der Würfelsummen und schreibt in einer Tabelle auf, wie oft die Würfelsummen vorgekommen sind. Die Ergebnisse werden exemplarisch von einigen Schülerpaaren an der Tafel in einen vorbereiteten großen Würfelplan eingetragen.

Intention

Die Schüler sollen Würfelsummen berechnen, Strichlisten anlegen und auswerten können.

Mathematisch geht es um Additionsaufgaben mit den Zahlen von 1 bis 6 und den daraus resultierenden Summen.

Durch häufiges Würfeln mit zwei Würfeln wird zunächst experimentell ermittelt, welche Würfelsummen wie oft auftreten. Jedes Paar würfelt mit einem roten und einem gelben Würfel. Durch den Farbunterschied soll den Schülern das Addieren erleichtert werden. Alle Schüler beginnen gleichzeitig. Die guten Kopfrechner werden in den fünf Minuten viele Würfelsummen ermitteln.

Am Ende ermitteln beide Kinder die Häufigkeit der Würfelsummen zählend oder rechnend, tragen die Häufigkeit in eine Tabelle ein, wobei die Schreibweise „x-mal" verwendet wird.

Dadurch, dass die Ergebnisse von einigen Schülerpaaren auf einen großen Würfelplan an der Tafel eingetragen werden, entsteht ein Plakat, das beispielhaft die Ergebnisse des Experiments zeigt. Hinter der Würfelsumme 7 werden die größten Zahlen, also die größte Häufigkeit zu finden sein. Damit kann im günstigsten Fall schon der Beweis von Toms Behauptung auf empirischer Ebene angetreten werden.

Strichlisten eignen sich besonders dann zur Darstellung von Daten, wenn es um die Ermittlung von Anzahlen, also um Häufigkeiten geht. Der Würfelplan ermöglicht einen schnellen Überblick über das zahlenmäßige Ereignis.

PLUSAUFGABEN ZU DEN WÜRFELSUMMEN

Die Schüler finden zu den Würfelsummen alle möglichen Plusaufgaben. Jeder Schüler hat die Würfelsumme vom Würfelspiel, legt die Plusaufgaben mit Würfelbildern und schreibt jede Plusaufgabe auf eine Karte.

Hat ein Schüler alle möglichen Plusaufgaben zur Würfelsumme gefunden, wählt er eine neue Würfelsumme und findet möglichst alle Plusaufgaben.

Die Schüler hängen die Karten über die Würfelsumme an der Tafel.

Intention

Die Schüler sollen zu den Würfelsummen alle möglichen Plusaufgaben beziehungsweise Zerlegungen finden können.

Die Schüler finden alle möglichen Zerlegungen der Würfelsummen beziehungsweise Kombinationen der Augenzahlen, um auch auf kombinatorischem Weg den Ausgang des Würfelexperiments zu verdeutlichen und die Häufigkeitsverteilung mathematisch zu begründen. Die Möglichkeit, die Plusaufgaben beziehungsweise Zerlegungen nicht nur mit Würfeln zu ermitteln, sondern auch durch das Legen von Würfelbildern, eröffnet einen eher systematischen Zugang zur Lösung der Aufgabe. Die Würfelbilder erleichtern das Bestimmen der Plusaufgaben beziehungsweise Zerlegungen.

Auf Niveaustufe A: 'Wiedergeben und Reproduzieren' finden die Schüler auf experimentellem Weg, das heißt durch Ausprobieren mit Würfelbildern, möglichst alle verschiedenen Zerlegungen ihrer Würfelsumme. Auf Niveaustufe B: 'Zusammenhänge herstellen' finden die Schüler durch systematisches Probieren mit Würfelbildern möglichst alle verschiedenen Zerlegungen ihrer Würfelsumme. Sie erkennen den Zusammenhang zwischen den Kombinationen und der Häufigkeitsverteilung und können das entstandene Säulendiagramm erklären. Auf Niveaustufe C: 'Verallgemeinern und Reflektieren' finden die Schüler durch systematisches Probieren ohne Material alle möglichen Zerlegungen ihrer Würfelsumme in zwei Würfelzahlen. Sie erkennen den Zusammenhang zwischen den Kombinationen und der Häufigkeitsverteilung und können das entstandene Säulendiagramm erklären.

Die freie Wahl der neuen Würfelsummen ermöglicht jedem Schüler nach eigenem Können zu arbeiten.

Durch das Aufhängen der gefundenen Plusaufgaben oder Zerlegungen an der Tafel entsteht eine Art Säulendiagramm, das die treppenförmige Verteilung der möglichen Plusaufgaben oder Zerlegungen zeigt.

ABSCHLUSS

TOMS BEHAUPTUNG: „DIE WÜRFELSUMME 7 FÄLLT AM HÄUFIGSTEN!"

Die Lehrerin hängt an die Tafel Toms Behauptung: „Die Würfelsumme 7 fällt am häufigsten!". Die Schüler diskutieren über Toms Behauptung, finden heraus, dass die Würfelsumme 7 am häufigsten fällt und begründen dies.

Die Lehrerin hängt an die Tafel die Satzanfänge: „Die Würfelsumme 12 ..." und „Die Würfelsumme 2 ...". Die Schüler diskutieren über die Satzanfänge und finden heraus, dass die Würfelsummen 12 und 2 nur sehr selten gewürfelt werden und begründen dies. Die Lehrerin vervollständigt die Satzanfänge.

<u>Intention</u>

Die Schüler sollen Diagramme auswerten können und Toms Behauptung mathematisch beweisen können. Die Schüler sollen begründen können, warum die Würfelsummen 12 und 2 nur sehr selten gewürfelt werden.

Die Schüler können mit dem entstandenen Säulendiagramm, das die treppenförmige Verteilung der möglichen Plusaufgaben oder Zerlegungen zeigt, nun die Behauptung von Tom mathematisch beweisen: „Die Würfelsumme 7 fällt am häufigsten, weil sie beim Würfeln mit zwei Würfeln die meisten Plusaufgaben oder Zerlegungen hat." Auch können die Schüler mit dem Säulendiagramm erkennen, dass die Würfelsummen 12 und 2 nur sehr selten gewürfelt werden, weil diese Würfelsummen die wenigsten Plusaufgaben beziehungsweise Zerlegungen haben.

Das im Gesprächskreis zu leistende mathematische Argumentieren und Kommunizieren fördert das Erkennen mathematischer Zusammenhänge. Im Bereich des Argumentierens sollen die Schüler mathematische Argumentationen entwickeln und Lösungswege beschreiben und begründen. Beim Kommunizieren sollen die Schüler Lösungswege beziehungsweise Ergebnisse verständlich darstellen.

HAUSAUFGABE - TIGERAUFGABE

Die Schüler ordnen die Plusaufgaben den passenden Würfelsummen zu und begründen, warum die Würfelsumme 7 am häufigsten fällt und warum die Würfelsummen 2 und 12 nur selten gewürfelt werden.

Intention

Die Schüler sollen erklären können, warum die Würfelsummen 7, 12 und 2 verschieden oft gewürfelt wurden.

Die Schüler sollen das Erlernte aus der Unterrichtsstunde 'Tom und Leonie würfeln mit zwei Würfeln' mit den Hausaufgaben wiederholen, festigen und vertiefen.

6. VERLAUFSSKIZZE

NAME	KLASSE	SCHULE	FACH	THEMA	DATUM
	2		Mathematik	TOM UND LEONIE WÜRFELN MIT ZWEI WÜRFELN	2010

ZEIT	PHASEN UND INTENTIONEN	LEHRER – SCHÜLER - INTERAKTION	SOZIALFORM	MATERIAL
8.^{35} – 8.^{45} Uhr	EINSTIEG	Die Lehrerin und die Schüler begrüßen sich.		
		TOM UND LEONIE		
		Tom und Leonie berichten von ihrem Würfelspiel. Sie haben mit ihren Freunden dieses Spiel gespielt: Jeder hatte eine der Würfelsummen 2 bis 12. Dann wurde mit zwei Würfeln gewürfelt und eine Strichliste über die Häufigkeit der Würfelsummen geführt. Gewinner war, wessen Würfelsumme am häufigsten erschien.	L-SS-Gespräch im Sitzhalbkreis	Handpuppen 'Tom' und 'Leonie'
	Die Schüler sollen Würfelsummen berechnen, Strichlisten anlegen und auswerten können.	Die Schüler spielen das Spiel. Jeder hat eine der Würfelsummen 2 bis 12. Die Schüler würfeln mit zwei Würfeln, ermitteln die Würfelsummen und ein Schüler führt die Strichliste. Gewonnen hat, wessen Würfelsumme am häufigsten vorkommt.	Gruppenarbeit	2 große Würfel, Zahlenkarten 2 bis 12, Plakat 'Würfelplan'

Zeit		Lernziele	Verlauf	Sozialform	Medien
		Die Schüler sollen Vermutungen über die Verteilung der Würfelsummen anstellen können.	Tom behauptet: „Die Würfelsumme 7 fällt am häufigsten!" Die Schüler vermuten, ob Tom Recht hat oder nicht. Leonie glaubt nicht, dass die Würfelsumme 7 am häufigsten fällt und bittet die Schüler, Toms Behauptung zu überprüfen.		Plakat mit Toms Behauptung: „Die Würfelsumme 7 fällt am häufigsten!"
8.45 – 9.10 Uhr	ERARBEITUNG	Die Schüler sollen Würfelsummen berechnen, Strichlisten anlegen und auswerten können.	DIE WÜRFELSUMME 7 FÄLLT AM HÄUFIGSTEN! In Partnerarbeit würfeln die Schüler etwa fünf Minuten lang mit zwei Würfeln und führen dabei eine Strichliste. Jedes Paar schreibt in einer Tabelle auf, wie oft die Würfelsummen vorgekommen sind. Die Ergebnisse werden exemplarisch von einigen Schülerpaaren an der Tafel in einen vorbereiteten großen Würfelplan eingetragen.	Partnerarbeit	Würfel, Arbeitsblatt 'Würfelplan', Plakat 'Würfelplan'
		Die Schüler sollen zu den Würfelsummen alle möglichen Plusaufgaben beziehungsweise Zerlegungen finden können.	PLUSAUFGABEN ZU DEN WÜRFELSUMMEN Die Schüler finden zu den Würfelsummen alle möglichen Plusaufgaben. Jeder Schüler hat die Würfelsumme vom Würfelspiel, legt die Plusaufgaben mit Würfelbildern und schreibt jede Plusaufgabe auf eine Karte. Die Schüler hängen die Karten über die Würfelsumme an der Tafel.	Einzelarbeit	Zahlenkarten 2 bis 12, Würfelbilder, Karten 'Plusaufgaben'

9.¹⁰ – 9.²⁰ Uhr	ABSCHLUSS	TOMS BEHAUPTUNG: „DIE WÜRFELSUMME 7 FÄLLT AM HÄUFIGSTEN!"		
	Die Schüler sollen Diagramme auswerten und Toms Behauptung mathematisch beweisen können.	Die Lehrerin hängt an die Tafel Toms Behauptung: „Die Würfelsumme 7 fällt am häufigsten!". Die Schüler diskutieren über Toms Behauptung, finden heraus, dass die Würfelsumme 7 am häufigsten fällt und begründen dies.	L-SS-Gespräch im Sitzhalbkreis	Toms Behauptung: „Die Würfelsumme 7 fällt am häufigsten!"
	Die Schüler sollen begründen können, warum die Würfelsummen 12 und 2 sehr selten gewürfelt werden.	Die Lehrerin hängt an die Tafel die Satzanfänge: „Die Würfelsumme 12 …" und „Die Würfelsumme 2 …". Die Schüler diskutieren über die Satzanfänge und finden heraus, dass die Würfelsummen 12 und 2 nur sehr selten gewürfelt werden und begründen dies. Die Lehrerin vervollständigt die Satzanfänge.		Satzanfänge
		HAUSAUFGABE - TIGERAUFGABE		
	Die Schüler sollen erklären können, warum die Würfelsummen 7, 12 und 2 verschieden oft gewürfelt wurden.	Die Schüler ordnen die Plusaufgaben den passenden Würfelsummen zu und begründen, warum die Würfelsumme 7 am häufigsten fällt und warum die Würfelsummen 2 und 12 nur selten gewürfelt werden.	Einzelarbeit	Arbeitsblatt 'Tigeraufgabe'

7. ANLAGEN

7.1 TOMS BEHAUPTUNG

Würfelplan

① Würfelt mit zwei Würfeln. Führt dabei eine Strichliste.

Schreibt auf, wie oft die Würfelsummen vorgekommen sind.

Würfelsumme		
2		- mal
3		- mal
4		- mal
5		- mal
6		- mal
7		- mal
8		- mal
9		- mal
10		- mal
11		- mal
12		- mal

7.4 TAFELBILD 'WÜRFELSUMMEN'

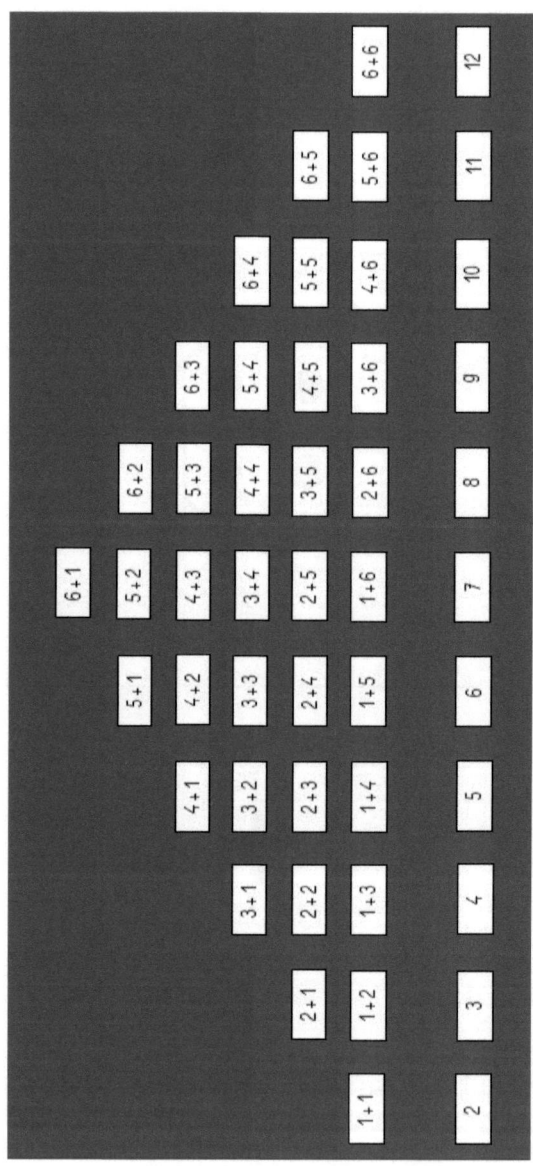

Tigeraufgabe

① Ordne die Plusaufgaben den passenden Würfelsummen zu.

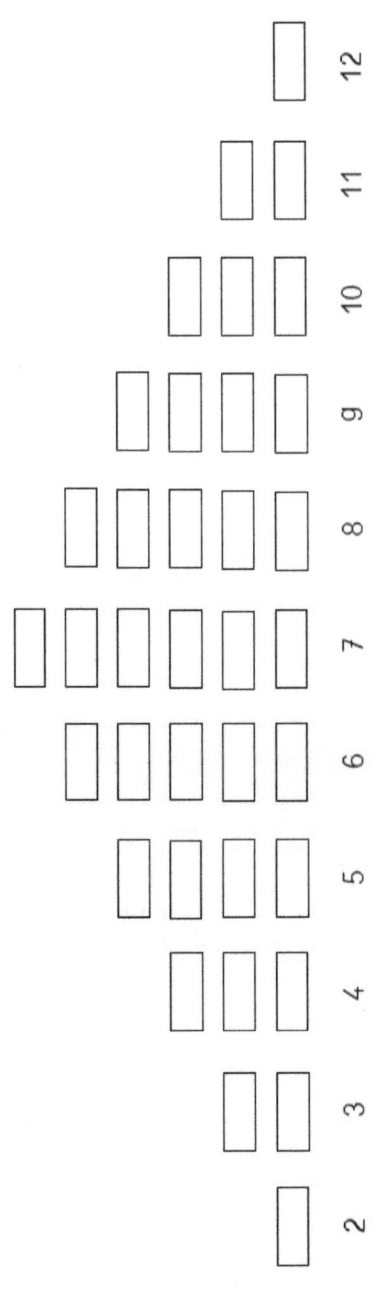

2   3   4   5   6   7   8   9   10   11   12

② Was fällt dir auf? Beschreibe.

Die Würfelsumme 7 fällt am häufigsten, weil

Die Würfelsumme 12 fällt nur selten, weil

Die Würfelsumme 2 fällt nur selten, weil

Plusaufgaben

1 + 1	2 + 1	4 + 1	5 + 1
6 + 3	6 + 1	3 + 1	4 + 4
1 + 5	1 + 4	4 + 3	6 + 2
2 + 5	3 + 3	1 + 3	1 + 2
5 + 2	2 + 2	3 + 2	2 + 4
5 + 3	4 + 2	2 + 3	3 + 4
2 + 6	5 + 4	1 + 6	4 + 5
6 + 4	3 + 6	6 + 5	3 + 5
5 + 6	4 + 6	6 + 6	5 + 5

7.6 LITERATUR

Bettner, M. (2009). *Stochastik in der Grundschule. Kombinieren, schätzen, Daten erfassen und auswerten.* Buxtehude. Persen-Verlag.

Heidenreich, M. (2007). *Mathetiger 2. Schülerbuch.* Offenburg. Mildenberger-Verlag.

Heidenreich, M. (2007). *Mathetiger 2. Lehrerband.* Offenburg. Mildenberger-Verlag.

Kelnbeger, M. (2009). *Gewusst wie! Stochastik in der Grundschule. Daten, Häufigkeiten, Kombinationen, Wahrscheinlichkeiten.* Puchheim. Pb-Verlag.

KMK (2004). *Beschlüsse der KMK. Bildungsstandards im Fach Mathematik für den Primarbereich.* Köln. Luchterhand-Verlag.

Kütting, H. (2008). *Elementare Stochastik. Mathematische Grundlagen und didaktische Konzepte.* Heidelberg. Springer-Verlag.

Lehner, S. (2009). *Kinder entdecken Stochastik.* Berlin. Oldenbourg-Verlag.

Lorenz, J-H. (2006). *GRUNDSCHULE MATHEMATIK. Wahrscheinlichkeit – Wer gewinnt?* Seelze-Velber. Kallmeyer-Verlag.

Mayer, S. (2008). Wahrscheinlichkeitsrechnung. Ein motivierendes Thema für die Grundschule. *Grundschulunterricht Mathematik, Heft 2I2008.*

MINISTERIUM FÜR KULTUS, JUGEND UND SPORT BW (2004). *Bildungsplan 2004. Grundschule.*

Walther, G. (2008). *Bildungsstandards für die Grundschule.* Berlin. Cornelsen-Verlag.

Wittmann, E. (2004). *Das Zahlenbuch 2. Lehrerband.* Leipzig. Klett-Verlag.

Wittmann, E. (2004). *Das Zahlenbuch 2. Schülerbuch.* Leipzig. Klett-Verlag.

8. EINVERSTÄNDNISERKLÄRUNG

Name des Lehreranwärters:	Datum der Unterrichtsstunde: 2010	Thema der Unterrichtsstunde: Tom und Leonie würfeln mit zwei Würfeln

Schulstufe: x GS **HS**	Fach: Mathematik	Fächerverbund:

Stichworte (inhaltlich):	Häufigkeit und Wahrscheinlichkeit - Würfeln mit zwei Würfeln - Würfelsummen zu den Würfelzahlen 1 bis 6 finden - Häufigkeiten in Würfelplänen ermitteln und vergleichen - Zahlzerlegungen im Zahlenraum bis 12
Stichworte (methodisch-didaktisch):	**EINSTIEG** TOM UND LEONIE Die Schüler spielen ein Würfelspiel. Jeder Schüler bekommt eine der Würfelsummen 2 bis 12. Die Schüler würfeln mit zwei Würfeln, ermitteln die Würfelsummen und ein Schüler führt die Strichliste. Gewonnen hat, wessen Würfelsumme am häufigsten vorkommt. Tom behauptet: „Die Würfelsumme 7 fällt am häufigsten!" **ERARBEITUNG** DIE WÜRFELSUMME 7 FÄLLT AM HÄUFIGSTEN! In Partnerarbeit würfeln die Schüler etwa fünf Minuten lang mit zwei Würfeln und erstellen Würfelpläne. PLUSAUFGABEN ZU DEN WÜRFELSUMMEN Die Schüler finden in Einzelarbeit mit Würfeln oder Würfelbildern zu den Würfelsummen 2 bis 12 alle möglichen Plusaufgaben beziehungsweise Zerlegungen.

	ABSCHLUSS TOMS BEHAUPTUNG: „DIE WÜRFELSUMME 7 FÄLLT AM HÄUFIGSTEN!" Die Schüler diskutieren über Toms Behauptung, finden heraus, dass die Würfelsumme 7 am häufigsten fällt und begründen dies. HAUSAUFGABE – TIGERAUFGABE Die Schüler ordnen die Plusaufgaben den passenden Würfelsummen zu und begründen, warum die Würfelsumme 7 am häufigsten fällt und warum die Würfelsummen 2 und 12 nur selten gewürfelt werden.
Einverständnis- erklärung	Ich bin damit einverstanden, dass der vorliegende Unterrichtsentwurf im Computernetzwerk des Seminars zur unentgeltlichen Verwendung zur Verfügung gestellt werden darf. Die Rechte an dem Entwurf verbleiben bei mir als Autor. _____ Unterschrift des Lehreranwärters/ der Lehreranwärterin